一木倒，万物生

树的第二次生命

[意大利] 瓦伦蒂纳·戈塔迪　[意大利] 达尼奥·米塞罗基　[意大利] 马切·米克诺 著／绘

何文珊／译　　严莹／审定

U0301218

译林出版社

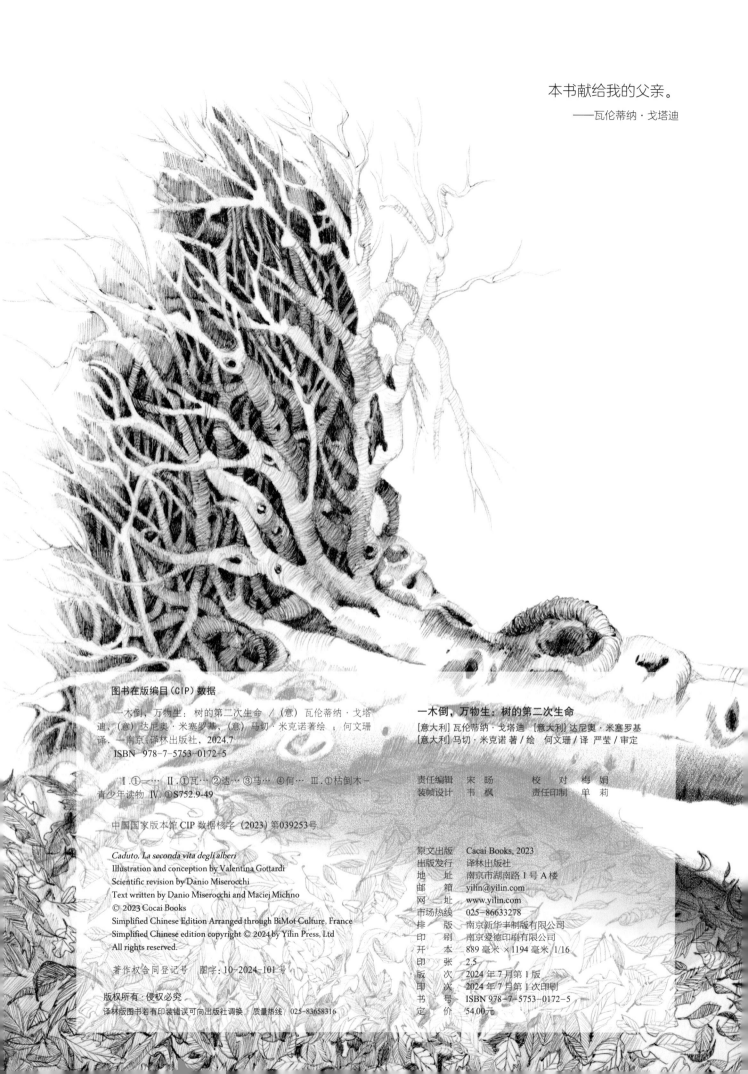

本书献给我的父亲。

——瓦伦蒂纳·戈塔迪

图书在版编目（CIP）数据

　　一木倒、万物生：树的第二次生命 /（意）瓦伦蒂纳·戈塔迪，（意）达尼奥·米塞罗基，（意）马切·米克诺著绘 ；何文珊译. —南京：译林出版社，2024.7
　　ISBN 978-7-5753-0172-5

　　Ⅰ.①一… Ⅱ.①瓦… ②达… ③马… ④何… Ⅲ.①枯倒木 – 青少年读物 Ⅳ.①S752.9-49

中国国家版本馆 CIP 数据核字（2023）第039253号

Caduto. La seconda vita degli alberi
Illustration and conception by Valentina Gottardi
Scientific revision by Danio Miserocchi
Text written by Danio Miserocchi and Maciej Michno
© 2023 Cocai Books
Simplified Chinese Edition Arranged through BiMot Culture, France
Simplified Chinese edition copyright © 2024 by Yilin Press, Ltd
All rights reserved.

著作权合同登记号　图字：10-2024-101号

一木倒，万物生：树的第二次生命

[意大利]瓦伦蒂纳·戈塔迪　[意大利]达尼奥·米塞罗基
[意大利]马切·米克诺 著 / 绘　何文珊 / 译　严莹 / 审定

责任编辑	宋旸	校　对	梅娟
装帧设计	韦枫	责任印制	单莉

原文出版	Cacai Books, 2023
出版发行	译林出版社
地　址	南京市湖南路 1 号 A 楼
邮　箱	yilin@yilin.com
网　址	www.yilin.com
市场热线	025-86633278
排　版	南京新华丰制版有限公司
印　刷	南京爱德印刷有限公司
开　本	889 毫米 ×1194 毫米 1/16
印　张	2.5
版　次	2024 年 7 月第 1 版
印　次	2024 年 7 月第 1 次印刷
书　号	ISBN 978-7-5753-0172-5
定　价	54.00元

朽木之躯万物欣

何文珊

如果周末有空，你会想去哪里玩玩？是小区边上的城市公园，郊外的田野，还是去森林公园或某个树林远足？

这些地方都是很不错的选择，能让我们看到不同的自然风貌。公园有特别设计的景观，工作人员在每个季节都会精心构建和维护花境，树木也得到及时的修剪，在平整的草地上野餐真是赏心悦目啊！田野是另一派风光，不论是齐刷刷的青苗还是沉甸甸的果实，都提醒着我们一餐一饭来之不易。去爬山或远足时总能看到各种各样的生物，从不知名的野花到藏在落叶堆里的蘑菇，再到各种奇奇怪怪的昆虫，更不要说还有吱吱喳喳的小鸟。

有另一个看似不相干的问题也值得思考：城市和农场都需要花费人力、物力来清理生物废弃物，比如农村处理秸秆，城市处理有机垃圾和生活污水，但自然山野就不需要这样的维护，那些死掉的倒下的树木都去哪里了？

如同海洋中的"一鲸落，万物生"，森林里的树木即使因为雷击、病虫害、干旱等原因枯死，也会在很长一段时间内仍然是森林的一部分，甚至比活着的时候更加生机勃勃。

一棵树死掉后，树叶都落尽了，树干甚至倒伏在地上，原本被树冠遮住的阳光通过这扇"天窗"照到林下，使那里更加草木葱茏，喜阳的植物尤其得益于此。

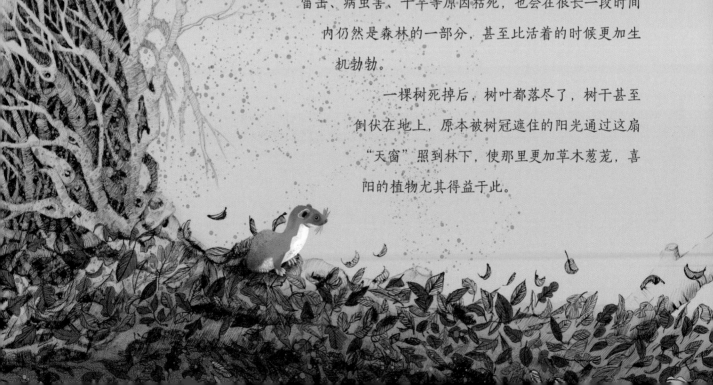

活的树木通常会分泌一些昆虫不喜欢的汁液，避免被虫咬，当它枯死后，就成了一座自然的建筑，里外上下都被各种"住客"占领——不仅有各种昆虫，比如蜗牛、蜘蛛、蚂蚁等，还有蘑菇、苔藓、地衣、野草，甚至树苗等。倒木不仅为它们提供生存空间，还提供水分和营养物质。这本书描绘了各种"倒木居民"的生活，它们要么生活在倒木的不同位置，要么采用不同的居住方式，彼此之间既有竞争，也有合作和共存，还会引来以它们为食的其他动物，一起构建缤纷多彩的倒木"社区"。正因为森林里散布着这样的"社区"，高生物多样性才得以维持。随着人们对倒木的生态价值有了越来越深刻的理解，尤其是它作为昆虫幼虫的栖息地和树苗的萌发地的价值，人们又把它叫作"保姆之木"（nurse log）。

尽管倒木可以提供复杂的小生境，但从它倒下的那天起，直到住客云集而来，形成一个生机勃勃的"社区"，需要数月甚至数年时间。而倒木完全分解殆尽，所需时间更为长久，通常要几十年甚至几百年。

倒木上的住客都为它的分解做出了贡献，尤其是那些"微不足道"的细菌和昆虫。这些将倒木作为营养来源的生物，就叫作分解者。也正因为分解者在森林里无处不在，一岁一枯荣的枯枝落叶才能重新转化为营养物质，再度进入物质循环，打扫工作根本无需人类操心。

我们在城市公园和农业系统里较少见到倒木，因为这两者是受人类干预并为人类服务的生态系统：城市公园起到了净化空气、提供游憩空间的作用，通过人工配置植物，达到一定的美学和景观效果，而农业系统则以提供食物资源为主。要寻找倒木这样的小生境，最好的办法就是去自然林地或郊野公园。

当我们发现倒木时，不妨观察一下它上面是不是长了蘑菇或苔藓，轻轻翻动一下，看看下面是不是藏着蚂蚁和昆虫，细细欣赏死去的树木展现的生命礼赞吧！

树的第二次生命

任何一片森林都迟早会出现一块新的空地。一阵风，或一道闪电，都有可能让一棵树倒下，它静静地倒在地上，直到腐烂分解，消失殆尽。我们可能会暗暗地想："这也太惨了。"

然而，对于森林而言，一棵树的尽头并非是一场陨灭，而是一次重生。多亏有这样的倒木，动物、植物、真菌、细菌和许多其他生物得以欣欣向荣，它们各取所需，努力生长，生生不息。

一棵巨大的倒木会在很长一段时间内为许多物种提供庇护和支持，有时能长达三十多年。它会显著地使现有物种的种类增加，即提高生物多样性。倒木并非废物或垃圾：它不会释放有毒有害物质，相反，无数或小或大的生命会在倒木上粉墨登场，徐徐展开它们的故事。在曾经遍布几乎整个欧洲的古老原始森林里，类似的场景一再发生。

毁木弓背蚁的蚁巢

欧洲深山锹甲幼虫
Lucanus cervus

在早就部分腐朽的树干下部和根系处，生活着欧洲深山锹甲的幼虫，你肯定认得这种大甲虫！

2

昆虫

森林里的一棵欧洲山毛榉倒下了。它的根已经有一些腐烂了，风几乎把它完全拔了出来。现在它枝叶散开，倒在一块空地上，被夏日的阳光晒得热热的。

树根还有一些留在地里，在根系的间隙里藏匿着欧洲深山锹甲的幼虫，蘑菇包围着它们，为它们提供养料，它们就这样生长着。

太阳下的木头吸引了啃食木头的贝氏丽天牛，这种昆虫有不同寻常的斑斓色彩。蚂蚁也被吸引而至，比如毁木弓背蚁，它是本地蚂蚁中个头最大的，会在木头中挖掘蚁道，构筑精巧的蚁巢。

假以时日，树干会开始疏松崩坏，露出山毛榉双色小蠹的虫道。这种昆虫的雌虫在木头里打洞，并沿路产卵。然后，细小的幼虫继续啃食树干，挖掘通道，产生精美的虫道，与之共生的真菌也有了栖居的场所。

由此可见，一棵倒伏的树并不仅仅是一棵死去的树——它为不同物种的幼体提供了营养丰富、遮风避雨的栖息地，甚至是它们的游乐园。

山毛榉双色小蠹
Taphrorychus bicolor
在树干下方挖掘虫道，形成了错综复杂的图案。

欧洲深山锹甲的解剖结构

欧洲深山锹甲是一种鞘翅目昆虫。同属这个目的昆虫还有瓢虫、金龟子，以及至少350000种其他昆虫。

鞘翅目昆虫的第一对翅膀不是用来飞行的，它们已经硬化，像铠甲一样用来保护翅膀和腹部。这种翅膀被称为鞘翅。

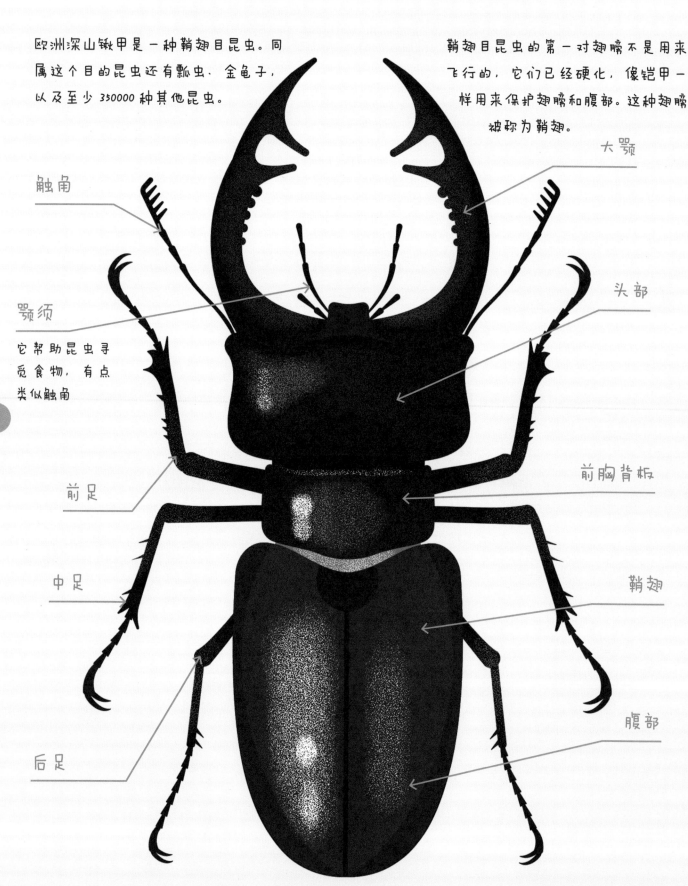

触角

颚须

它帮助昆虫寻觅食物，有点类似触角

前足

中足

后足

大颚

头部

前胸背板

鞘翅

腹部

欧洲深山锹甲

4

高山丽天牛 *Rosalia alpina*

高山丽天牛是一种具有黑色斑点的
蓝灰色甲虫，这种颜色在山毛榉树
干上可是完美的拟色保护。

蛇蛉 *Phaeostigma notata*

它既不是蝇，也不是蛇，而是一种模样怪怪
的昆虫，有一根长长的"脖子"，很像一条正
要准备发起攻击的蛇。它的幼虫在树皮上进进出出，
忙着觅食。成虫则飞到树顶上，在那里觅食蚜虫和其
他小昆虫。

毁木弓背蚁 *Camponotus ligniperda*

这种蚂蚁又被称作木匠蚁，它在阴凉多雨
地区的枯木上营巢，构筑复杂的大型蚁冢。
啄木鸟和熊可喜欢它们了。

它们喜欢的枯死树干可能还
没倒下，仍然伫立在阳光里。

石蕊
Cladonia sp.

它是一类地衣，长在树干上，形成一层灰绿色的壳或粉末层。石蕊有好几种，它们各不相同，有些会形成杯状结构。

拟垂枝藓
Rhytidiadelphus

它长在活树的基部，但也会在倒木上聚集生长，主要长在针叶树上。

苔藓和地衣

地衣通常见于树皮上，由真菌和藻类这两类不同的生物共生在一起形成。它们彼此之间相互支持：藻类为真菌提供营养物质，真菌为藻类提供保护、水和矿物质。苔藓和地衣可不是坏蛋——即使它们长在活树的树干上，也不会妨碍树木生长。

当一小块地衣掉了出来，它就可以繁殖，产生一个新的个体。地衣真菌也能产生孢子，和细小的种子差不多，随风飘散。可是，孢子要长成新的地衣，就必须遇到并捕获新的自由生长的藻类。

苔藓是非常小的植物，在倒木上也能生机勃勃，因为倒木像海绵一样，可以吸附和长期保存来自雨露的水汽。

凋落物

凋落物像垫子一样覆盖在森林地表，由干枯的树叶、死掉的树木和已经分解的有机物组成。通过真菌和其他降解的有机体的努力，凋落物最终成为肥沃的腐殖质。

真菌和软体动物

倒木的树干、根系和附着在上面的潮湿土壤都有丰富的真菌和细菌，它们缓慢地将木头和凋落物转化为腐殖质，后者对植物来说是一种珍贵的营养来源。通过这个过程，不会有任何浪费，一切都重新进入森林的物质循环系统，被再次利用。

真菌既不是植物也不是动物，而是一类主要由白色根状细丝组成的生物，这些细丝被称为菌丝。菌丝创建出一个巨大的地下网络：真菌将相邻树木的根系连在一起，森林中的植物们因此而相互连接。森林里有各种蘑菇，比如牛肝菌、白蘑菇和鹅膏菌，此外还有霉菌。

亮丽韧革菌
Stereum insignitum

一种多彩的环状蘑菇。在干旱季节，它看上去干巴巴的，但是经历雨水冲刷后，它就会变得柔软而多彩。

掌状玫耳
Rhodotus palmatus

如果遇到山毛榉的死树，就很值得在上面找一下这种美不胜收的蘑菇。不幸的是，它现在已经非常罕见了。

二年残孔菌
Abortiporus biennis

它长在已经严重腐烂的山毛榉树桩上。有时，无论是形状还是颜色，它都很像一朵花。

蘑菇是什么？

我们所说的"蘑菇"实际上是"子实体"，你可以想象它是我们在地面上看到的苹果，而苹果树隐藏在地下。

子实体的功能是产生和发散孢子，孢子非常非常小，作用和种子差不多。

大灰蛞蝓
Limax maximus

蛞蝓有很多种，这种是最大的，花纹像豹子。蛞蝓喜欢吃蘑菇，它们和蜗牛不同，它们没有可以藏身其中的壳。

多形炭角菌
Xylaria polymorpha

它的形状会让人联想到在古老的树桩上伸出的一只小手。

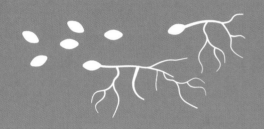

菌根真菌

有的真菌起到了分解朽木的作用，有的真菌则帮助树木更好地生长。植物根系通常都长得太密集，以至于无法好好地利用土壤中的所有营养物，有的真菌就在植物根系周围长出菌丝，并把这种细细的丝状结构深入到根系中去。

这样，真菌就能直接将营养物质输送给树木，作为回馈，它得到了它所需要的糖分，这就是一个双赢策略。

疣突

菌盖

菌褶

菌环

菌柄

菌托

菌丝

整个真菌在土壤的上下层都有不同类型的菌丝，这些菌丝共同组成了菌丝体。

糖分

营养物质

根系

菌丝

羊肚菌 Morchella esculenta

软体动物

软体动物不只是生活在海洋里，也出现在森林凋落物中、大木头上，以及石块缝隙里，生活在陆地上的软体动物被称为陆生软体动物。它们在凋落物中找到藏身之处，那里有它们需要的遮蔽、食物和水分。事实上，蜗牛和蛞蝓喜欢吃在林下落叶层里大量生长的藻类、苔藓和地衣。在老树桩的缝隙里，烟管蜗牛、小型螺类和其他自带外壳的种类都找到了藏身地。

软体动物是什么？

软体动物是一类没有骨头的动物，通常有一个壳。它们的眼睛通常长在长长的触角前端。它们的身体非常灵活，在必要时能伸能缩。软体动物的身体上用来爬行的部分叫作足，足在经过之处留下一道黏稠的保护性黏液。

小布林螺 *Merdigera obscura*

它能在树上和岩石上爬来爬去。堆积在螺壳上的尘土帮它隐藏起来。

上旋齿蜗牛 *Helicodonta obvoluta*

它又被叫作"芝士蜗牛（cheese snail）"，它是一种毛毛的蜗牛。壳毛能帮助蜗牛隐蔽自己，如果它不幸掉落的话，这些毛也能起到缓冲作用。它每晚移动4~7米。在冬季来临前，它会在腐烂的木头里给自己挖一个藏身之处。

圆形圆盘蜗牛 *Discus rotundatus*

它在腐烂的木头和腐殖质里活动并藏身其中。这种蜗牛有一个生存绝技：单个个体就能繁殖出数量庞大的后代。

烟管螺 *Clausilia*

它生活在多雨的原始森林里，在死去的山毛榉树干上活动，有时藏在树干下方。

白背啄木鸟
Dendrocopos leucotos

伶鼬
Mustela nivalis

12

啄木鸟的"工坊"

不用手就把松塔里的松子剥出来可非易事。因此，必要时，啄木鸟会像铁匠那样寻找一块可靠的砧木。倒木或开裂的树干通常能提供大小合适的孔洞和缝隙。一旦啄木鸟找到它们并将其改建成理想的孔洞，就把松塔嵌进去，固定好，然后它就能将里面宝贵的松子都啄出来。

鸟类和小型哺乳动物

对于松鼠、伶鼬等多种哺乳动物来说，地上的大木头是穿越溪流的绝佳近道或桥梁，这样它们的爪子就不会湿了。

枯树的空洞树干对于松貂等小型动物来说是最理想不过的冬季小窝，对野鼠来说也是挖洞储藏食物的好地方。狐狸也深谙此道——它们经常造访这些地方，搜寻食物，不过它们常因为速度不够快，抓不住躲在那里的小动物。

倒木也很受松鸦的欢迎：它们能在倒木下面或附近藏起它们最喜欢的食物——橡子。啄木鸟也经常光临，因为它们能在那里找到幼虫和蚂蚁等食物，并且把"啄木鸟工坊"建在那里，用来打开松塔。

欧洲棕背鼠
Clethrionomys glareolus

欧洲棕背鼠有点像仓鼠，但在白天活动。它在苔藓、荆棘和树干间跑来跑去，寻找果实、种子和昆虫。它还会爬树，尾巴有半个身体那么长。

啄木鸟的头部

啄木鸟的头骨非常坚硬，像一顶头盔，它的喙也很发达，像一把锄头。当啄木鸟撞击树干时，喙和木头之间的碰撞时间只有几分之一秒，头骨和喙是一起动的，因此撞击产生的震动被分散到一个较大的表面积上。

啄木鸟的舌头像我们人类一样，附着在喉咙的舌骨上。当啄木鸟不用舌头的时候，舌骨向后弯曲，环绕着头骨。

以上这些特征都有助于提高啄木鸟的觅食效率，并保护它的脑部。

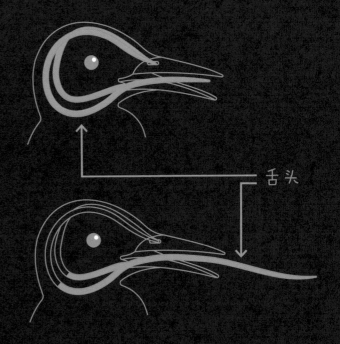

舌头

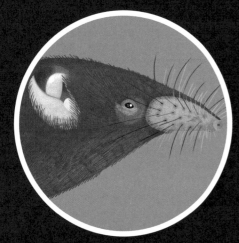

普通鼩鼱 *Sorex araneus*

普通鼩鼱喜欢的许多昆虫和蚯蚓都藏在倒木下面。这种小动物与鼹鼠和刺猬是"亲戚"。它身手敏捷，有一个尖尖的鼻子，嗅觉灵敏，胃口永远都那么好——它必须吃个不停，拿我们人类来打比方的话，相当于我们每个人每天吃下一台洗衣机重量的食物！

乌鸫 *Turdus merula*

生活在树林里的乌鸫在落叶层里翻动枯叶，寻找昆虫。生活在我们后院里的乌鸫很容易找到许多食物，和它们相比，森林里的乌鸫就没这么好运气了，所以它们的喙更长一些。

山毛榉坚果——果实和山毛榉种子

凤头山雀 *Lophophanes cristatus*

尽管它的喙比啄木鸟小很多，但是它也以昆虫为食。只要腐木的树干直立不倒，它就能在柔软的腐木中挖出一个巢穴来。

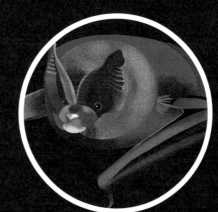

欧洲宽耳蝠
Barbastella barbastellus

有些蝙蝠如宽耳蝠的体形非常小，可以藏在以木材为食的大型昆虫幼虫留下的坑道里。

屯粮积实

松鸦 *Garrulus glandarius*

松鸦和松鼠一样，在收集橡子和山毛榉坚果方面可谓贪得无厌。它们把吃的都储藏起来，准备过冬。一棵倒木能提供许多储藏空间，即使下雪了，它也很容易被找到。可是，如果松鸦或老鼠忘记了的话，那些种子就会发芽——所以这些动物对树种的传播至关重要。

小林姬鼠
Apodemus sylvaticus

这些中等大小的野鼠在它们的洞穴里围积橡子和其他食物，做好过冬的准备，它们的洞穴通常都筑在倒木下面。

Hazelnut 榛子

Acorn 橡子

雪

鹿

在积雪下面，温度不会低于冰点。倒木也为生物抗御寒冬提供了条件。在白雪皑皑的森林里，腐烂的木头堆在地上，为昆虫、老鼠或田鼠提供庇护，它们在雪堆和倒木下面挖掘地道。对于像鼩鼱这样的小型捕食者来说，这里又是狩猎场，可以在这些隐蔽场所里搜寻昆虫和其他猎物。

雪也为一些有需要的植物提供了液态的水，比如蓝莓。

在雪堆上，不冬眠的动物试着寻找食物，比如露出雪堆的植被，或松鼠和鸟类在储藏食物时掉落在外的那一星半点的吃的，这可真是不容易啊！

狍子

在森林里漫步的狐狸也准备好好利用这一时机，捕食这些出来找食物的小动物。它的脚印会留在新鲜的雪地上，让我们不费吹灰之力就能得到关于其行踪的许多细节：它的方向、逗留时间、步长，甚至可能知道它的意图。

熊

猞猁

狐狸

田鼠

伶鼬

松鼠

木头的分解

木头由许多细细的管子组成，这些管子叫作导管，和非常长、非常细的吸管相似，使得树汁能从根系向上流向树叶。正因如此，树木总是有些潮湿的。

当树倒下时，细树枝最先掉落，它们很快就会招来分解者。接下来，树皮渐次开裂，为昆虫和其他小动物创造了绝佳的庇护空间。然后，树皮完全剥落。同时，苔藓、地衣和小型植物在倒木上生长，形成了一个迷你森林。

在雪、雨、真菌和细菌的作用下，一开始坚硬的木头开始破碎变软，逐渐变成棕红色海绵状。最终，越来越小的碎片不停掉落，形成腐殖质，再度成为土壤的一部分。

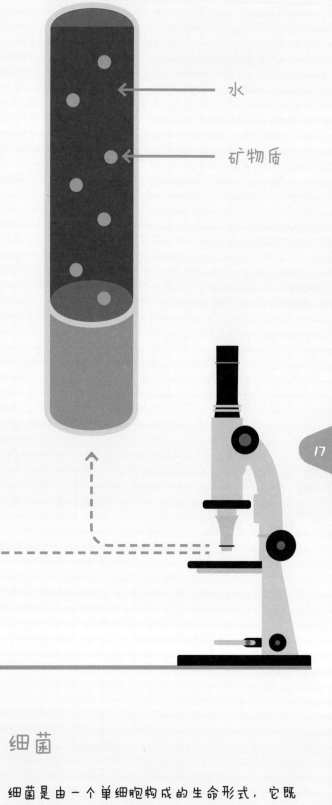

水

矿物质

细菌

细菌是由一个单细胞构成的生命形式，它既不是植物，也不是真菌，更不是动物。

那些滋生在倒木中的细菌能专门将木头转变为更简单、更有营养的物质，供植物和真菌所利用。

金凤蝶 *Papilio machaon*

野莓

夏天到了。森林变成了果园，结出了好多好多果实，有些也是我们人类喜欢的，也许在森林里徒步时就能摘一把享受一下呢。弗州草莓、蓝莓和覆盆子等果实对许多动物，甚至是熊和狼来说，都是非常宝贵的食物来源。

森林野花

冬季正在走向尾声。白昼一天一天地变长，空气变得越来越柔和，阳光带着温暖越来越多地洒向地面。林下的植物开始苏醒，第一片叶和第一朵花正在绽放。

熊蜂蜂后的个子很大，浑身有茸毛保护，此时它开始细细搜寻第一批花，有时找到一个好地方就建立一个新的蜂群。在岩石或倒木下面，爬行动物和两栖动物从地下的藏身之处钻出来了。许多蜘蛛和昆虫也再度开始了热热闹闹的生活。

追随着春季的步伐，野花和传粉昆虫变得越来越多。它们在花丛间穿梭往来，寻找花蜜和食物，携带着小小的花粉从这株植物飞到那株植物，使得植物们能够结果并产生种子。对于有些传粉动物来说，树洞和木缝是理想的产卵场所，幼虫在下一个春季出现时，那里有食物供它们享用。

林间空地上的野花

当树木倒下时，一个充满阳光的空地就出现了，那里不像周边森林那样潮湿，为一些喜爱阳光、能抵御夏季炎热的植物提供了生长空间。

在倒木的阴影里，在空地的边缘，生长着不那么喜欢日照而更喜欢湿气的植物。

雪滴花 *Galanthus nivalis*

它喜欢新长的草地，在倒木附近很容易找到它，那里有潮湿的腐殖质。

獐耳细辛
Hepatica nobilis

它的叶片分裂成三个大大的裂片，非常容易辨认。它在冬末开花，最初是粉色的，几小时后就会转为蓝色。这种植物长在新鲜的富含腐殖质的土壤上，比如老树桩附近。

一种坏脾气植物

水金凤 *Impatiens noli-tangere*

它的拉丁学名的含义是"烦着呢，别碰我"。它会结非常小的果实，稍一碰撞，它就能把种子喷射得到处都是。它是熊蜂和其他传粉动物很喜欢的一种植物。它的花是黄色的，有长长的花距，见于潮湿的土壤上。

欧洲羽节蕨 *Gymnocarpium dryopteris*

有些植物既不会有花，也不会有果实，它们就是蕨类植物。它们通过产生细小的孢子来繁殖，而不是种子。它们长在最阴暗、最隐蔽的地方，那里的土壤富含腐殖质。

白花酢浆草
Oxalis acetosella

这种植物通常长在老树桩和树干附近，因为它需要很多很多腐殖质。这是早春最先开花的物种之一。

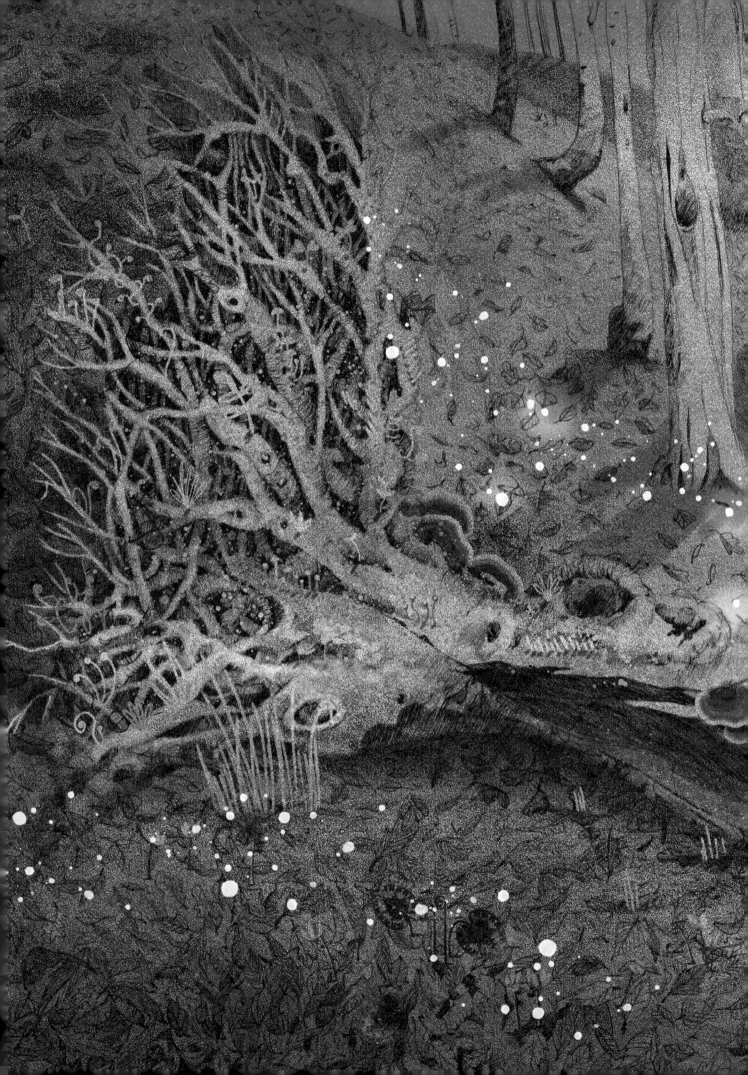

大型动物

森林里生活着许多大型动物，它们会经过倒木，有时也会利用倒木。

猞猁只吃它们自己捕到的猎物——啮齿动物、狐狸、狍子，甚至鹿。它们需要非常大的领地，和其他动物相比，它们的数量非常少。它们的听觉和视觉都非常灵敏，有点像猫，非常擅长跳跃和爬树。

多头狼以家庭群体的形式共同生活，称为狼群。它们集体出动去捕猎，通过叫声保持联系。和猞猁一样，它们需要很大的领地，会进行长距离的活动。狼像狗一样，有时也会吃果实，当肉食稀缺时，尤为如此。它们利用倒木作为藏身之地，甚至将它作为迫使天敌放慢脚步的障碍物。它的天敌包括人类、猞猁或熊等。

棕熊是杂食动物，并不吃很多肉食。它们翻动倒木，寻找倒木下面的食物，比如一座漂亮的蚁家。熊通常会在树上留下爪痕。獾也是如此，它们一直在找东西吃，最喜欢蚯蚓、成熟的果实、小型猎物和幼虫。为了找吃的，它们在木头上东掏西挖的。

游乐场

倒木对许多物种的幼体来说是最棒的游乐场。狼崽在等候成年狼只回来时，就在狼窝附近的树枝间玩耍。熊仔利用木头作为健身器械，等它们长大后，必须长得又高大又强壮，能够搬动大石头和大木头，才能找到东西吃。

猞猁宝宝喜欢把树杈和地上的根系当作游戏跳板。

有危险！

对鹿和大型食草动物来说，刚倒下的树木是意外的收获，能吃到原本难以够到的树叶。但是，如果它们要逃跑的话，倒木也是一个十分危险的因素，如果倒木挡住通路的话，熟记道路并知晓什么时候需要跳跃是逃命的关键。

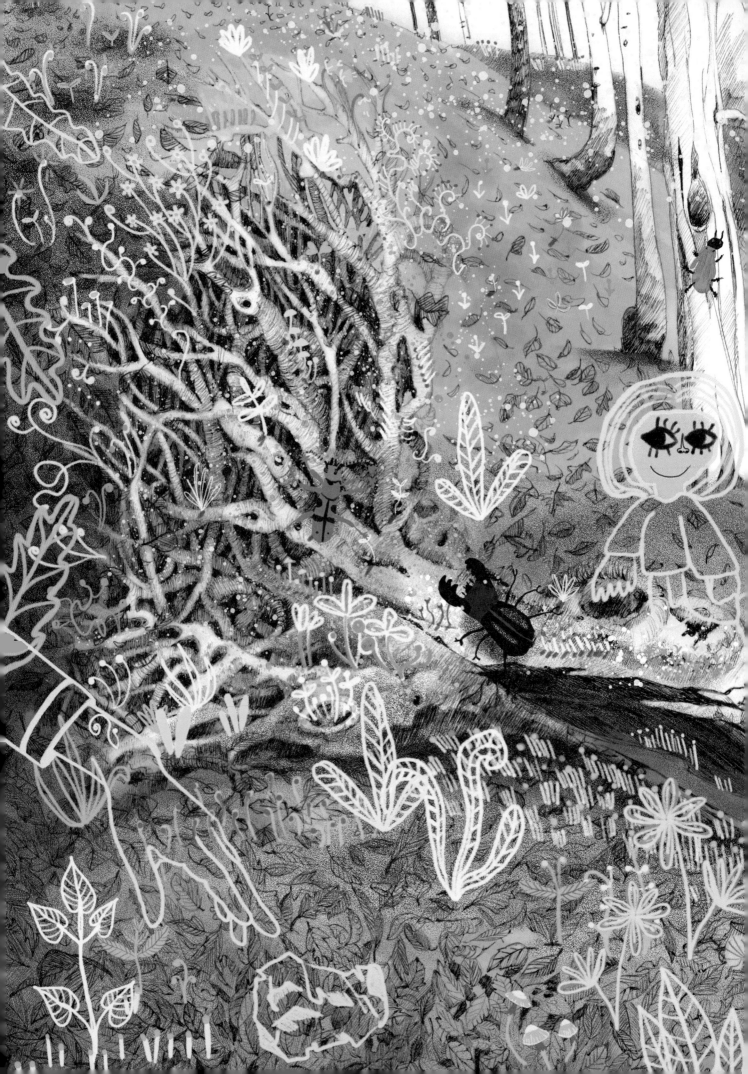

森林为我，我为森林

森林是一个不断有新发现的地方。

我们能发现动物的行踪——灰林鸮、啄木鸟或松鼠的食物残渣，小径或水坑里的足印，还有一些动物经过时留下的印记。

我们能学到很多关于动物及其栖息地的知识：它们藏在哪里？当它们离开庇护场所时是怎么活动的？它们是怎么沟通的？我们可以学习辨识鸟鸣，研究蚂蚁的社会，给那些在花丛间忙忙碌碌的传粉动物定名。

我们会赞叹真菌不可思议的多样性及其它们在森林里的功能，比如它们是如何转变朽木并赋予它们新外观的。我们会赞叹它们的颜色、各种形态，以及它们喜欢生长的地方。

我们会在树林里留下什么样的痕迹？如果我们有责任心，那就只留下小径上的足迹。只有那些不尊重森林的人才会在那里留下塑料、玻璃和其他人工材料的垃圾。如果我们想要为森林做些什么，那就带一个袋子去吧，仔细地把一路上的垃圾都收集起来带走。

过度"洁癖"不可取

一片"干净整洁"的森林不可能是生机勃勃的。凋落物使土壤肥沃，为各种类型的生命提供支持。

我们的庭院也一样。很多人在构想理想的花园时，会想要一个修剪平整、没有杂草的草坪，均匀有序分布的植物，植物之间的开阔地面都干干净净的，落叶、碎草或断枝都会被及时清理掉，因为用杀虫剂，昆虫也都销声匿迹。

但是，如果我们稍微改变我们的习惯，把庭院留给大自然，乐趣就会随之而来。

装着蚯蚓的堆肥桶可以处理居家的有机垃圾，能改善庭院里的土壤，使植物更加粗壮。地上的树枝、碎草和落叶对许多有益的昆虫来说，是很好的冬季庇护场所。它们通过分解凋落物，将营养物质输送回土壤，使土壤更加肥沃，这个过程和它们在森林里的用途一样。春季绽放的花朵为传粉动物提供宝贵的资源，花朵凋谢后，植物就能继续完成它们的生命周期，静静地结出果实和种子，吸引许多不同的鸟儿来光临。

新的平衡将会产生，许多观察和学习的机会就在那里等着你呢。

术语表

甲虫

这类昆虫的第一对翅膀很坚硬，像盔甲一样保护腹部。

真菌

一种由菌丝（白色细丝状）组成的有机体。我们所见到的蘑菇只是它的子实体。

共生

两种或多种不同物种的生物体共同生存，各方均因此获益。

地衣

由真菌和藻类组成的有机体，它们是共生关系。

分解

有机质（如枯叶、木头、动物和植物残骸等）转化为更简单的物质的过程，其产物可被其他有机体用作营养来源。

腐殖质

非常肥沃的深色土，主要由已分解的有机物碎屑组成。

凋落物

在森林地表上，由枯叶、死木、腐殖质和分解的有机物组成的毯状覆盖物。

寄生

一种生物从另一种生物上获取食物和能量，前者对后者没有任何贡献。

枯木逢春，重获新生

在森林里倒下的山毛榉最初来自一颗种子。森林里到处都是种子——很多种子被动物吃了或藏起来了，还有很多被丢弃了，或是被遗忘在某个秘密的角落里。还有一些种子掉在地上或倒木的缝隙里。在一个长满青苔、土壤肥沃的环境里，那些遇到沃土的种子会生根发芽，开启新的生命。

当一棵树倒下，并产生一片新的林间空地时，一切都发生了变化。许多等待已久的物种翩然而至，植物之间展开了竞争，看看谁能最先获得光照。

很快，这片空地又会成为森林。

不过，迟早又会有一块新的林间空地在森林里出现。

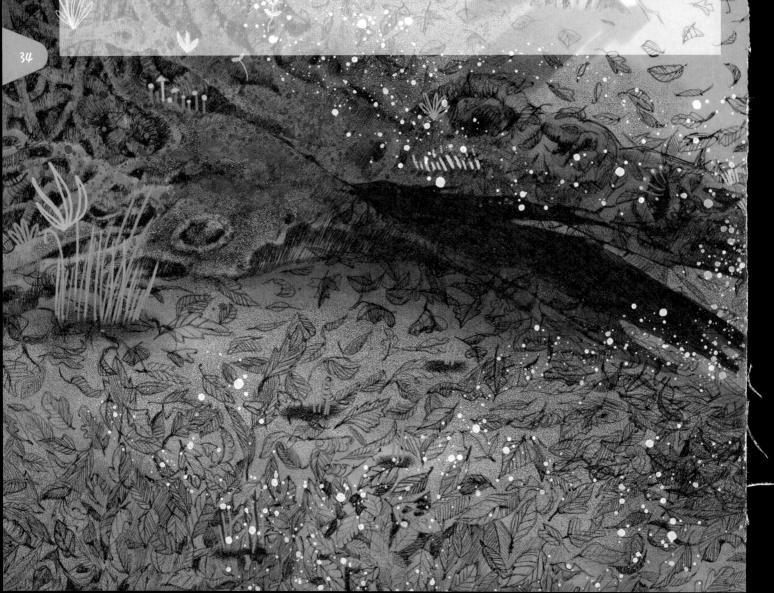